Life theory of time and space

Takumi Hiiragi

私は宇宙のかけら

素粒子物理学者
柊木 匠

飛鳥新社

はじめに

元気に暮らしていますか。人間関係や仕事に悩んでいませんか。

「100%元気で活き活き暮らせている、何の問題もありません!」などという人は、まずいないのではないでしょうか。

家庭や職場における人間関係に悩みを抱えていたり、仕事に対して不満を持っていたり、先行きが不透明な状況に不安になっていたりと、いろいろな想いの中で日々を送っているものと思います。


本書は、人間関係やモノ・コト、仕事や人生を物理学の視点から観て、どう考えていくべきなのか、どう対処していけば良いのか、を述べたものです。

物理学の視点から観るってどういうこと? と不思議に思われる方も多いでしょう。

確かに物理学は、心理学や哲学、あるいは人生論や自己啓発といった世界から一番遠い位置にあるように思えます。

しかし、ソクラテスやアリストテレスが活躍したギリシャ時代においては、物理学も哲学や心理学と同じ学問として扱われていました。物理学は「Physics」と綴りますが、哲学「Philosophy」心理学「Psychology」ともに同じ「P」という文字が使われていることからもそれは明らかです。時代を経るにつれて学問的に細分化されていったのです。

また物理学は、

物理＝もののことわり

と書くように、〝物事に働く理《ことわり》〟を解明していく学問であるのです。

また、「宇宙や人間はどこから来て、どこに行こうとしているのか」という命題を、数式やデータを使って論理的に解き明かしていく学問でもあります。

従って、人やモノ・コトとの間に働くチカラ、人生やこの世界における法則などを導くことができるのです。

本書では量子論や相対性理論、宇宙論などの現代物理学からの視点で、人生における〝ことわり〟をわかりやすく読み説いていきます。

物理学って難しい理論や数式だらけ！　と感じていらっしゃる方も多いと思いますが、難しい用語はできるだけ平易な言葉にして、複雑な数式も一切使っていません。

本書があなたの人生において、少しでもお役に立てば、また、なにかしらのチカラになれば幸いです。

私は宇宙のかけら

目次

第3章 成功の方程式

第４章　幸せな人生へ

第1章

間にある人

人に働くチカラには法則がある

人間関係はうまくいっていますか。
素敵な人と一緒にいますか。
よく、似た者同士などと言いますが、夫婦にしろ、友だちにしろ、コミュニティにしろ、同じような考え方や方向性を持つ人は一ところに集まるものです。
人を知りたければ、〝周りの人を観る〟という言い方もあります。
あなたの周りにはどういう人がいますか。
べったり依存してくる人、
お金や利害関係だけで動く人、
ひたすら機嫌を取ってくる人、いつも笑顔を絶やさない爽やかな人、
何かあったらすぐに駆け付けてくれる人、

いろいろでしょう。

そして人と人との間には目に見えないチカラが働き、そのチカラにはある法則があるのです。

私は大学で素粒子について学び、大学院に進み原子核物理学を専攻しました。

素粒子とは物質を構成する最小単位の粒子のことです。原子を構成している陽子、電子、中性子などがそれにあたります。この世界のあらゆるものは素粒子によってできています。

そして、目に見えない素粒子の世界では、二つの物体の間に、あるチカラが働いており、これは**相互作用**と呼ばれています。

一方がチカラを及ぼすと、必ず相手からも返ってくる、お互いに作用し合う関係です。学校で習った「作用反作用の法則」と似ていますね。

素粒子は相互に作用を及ぼし、そのチカラが一方通行になることはありません。

また、素粒子間の相互作用では、素粒子同士がボールを投げ合います。

そのボールはお互いにまったく同じもので、それをキャッチボールすることで関係を持つのです。

例えば、原子核の陽子と中性子を繋ぐチカラを**核力**と言います。これは、陽子と中性子が〝中間子〟という同じボールを投げ合うことで発生します。この中間子の理論で、湯川秀樹博士はノーベル賞を受賞しました。

この核力の関係では、中間子以外のボールのやり取りはできません。

これは人間関係にも当てはまります。

依存という付属品が付いたボールを投げたら、それと同じボールを投げ返してくる人が寄ってきます。お互いに依存のボールを投げ合って関係を作っているのですね。

同じように、お金や欲を付けたボールを投げると、それをキャッチして同じボールを投げ返してくる人が近づいてくるのです。

この関係を**共依存**と言います。

あなたは相手にどんなボールを投げていますか。

粒子間のキャッチボール

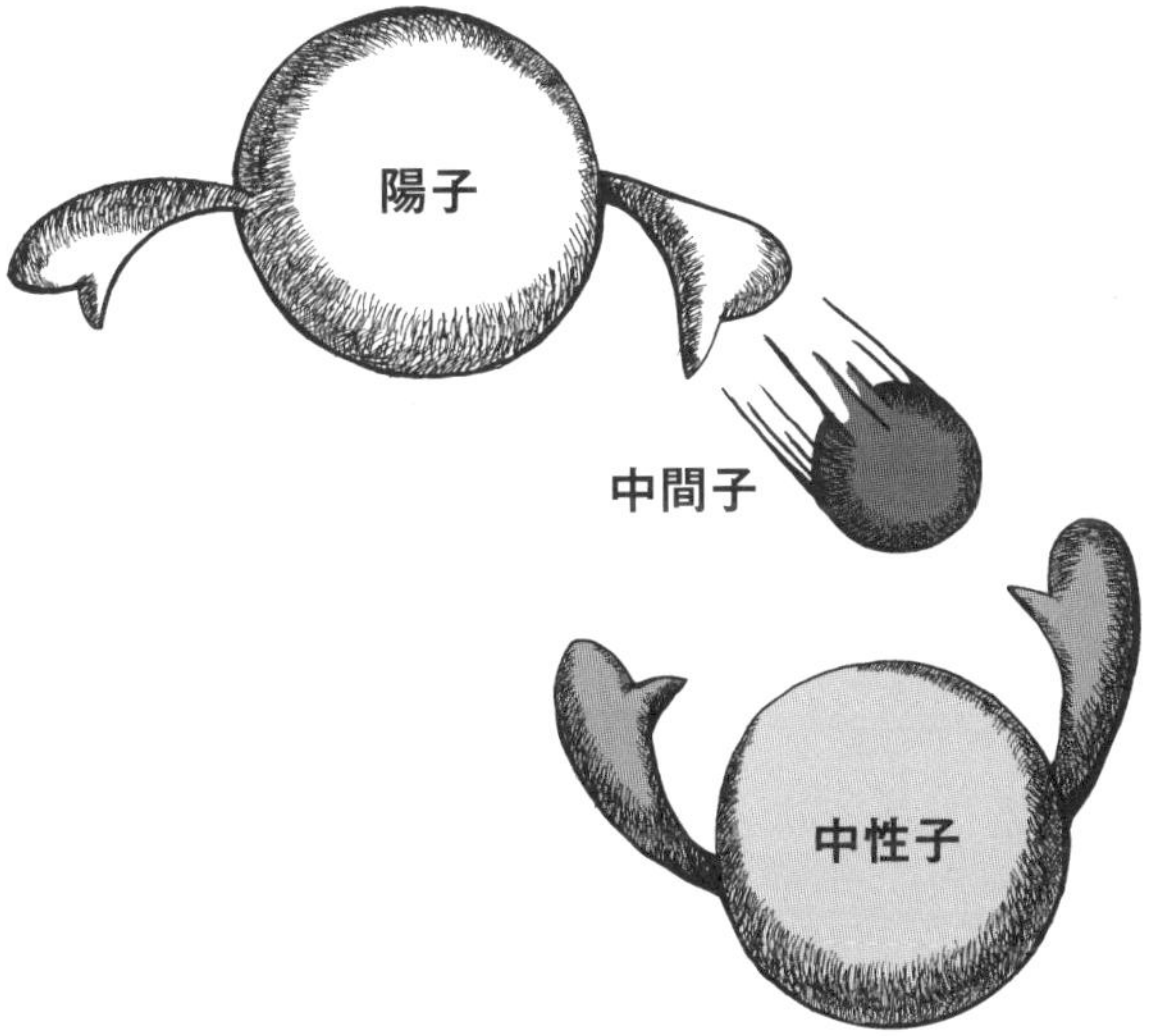

陽子と中性子が同じボールを投げ合うことでお互いを結びつける核力が生まれる

依存やお金・欲、それとも友情や愛情、尊敬や慈愛ですか。

望まないボールを投げつけられて、悩んでいませんか、息苦しさを感じていませんか。

人間関係においては多種多様なボールが飛んできます。

中には、飛んできた直球をカーブやフォークで返球したり、違うものを付けて投げ返したり、バットで打ち返してホームランにしてしまう人もいます。

ボールを投げ返さずに、望まないボールを溜め込んでしまう人もいます。当然、それによるストレスも大きいと言えます。

では望まないボールを投げてくる人にはどう対処したらいいのでしょうか。

答えは簡単。

受け取らなければいいのです。

そう、時として望まないボールは受け取る必要もないし、きちんと投げ返す必要もないのです。

すべてのボールを受け取ることはしなくても大丈夫。自分が望むボールをキチンと受け取って、同じボールを投げ返すだけでいいのです。

大事なことは、

誠意のこもった確かなボールを投げること。

相手からボールが返ってこなくても良いのです。投げっぱなしでいいのです。

きっと同じボールを返してくる人が現れます。そこから素敵な関係が築けていくのです。

原子核は陽子と中性子が同じボールを投げ合う核力によって安定しているように、

良い人間関係も対等で素敵なボールのキャッチボールで成り立つのです。

他人との時空間の距離を把握する

家族や友人、恋人とは、どういう時に一緒にいますか。

自分が一緒にいたい時だけ、四六時中、向こうが望む時に……。

などなど、いろいろなタイプの人がいます。

一般的に〝相性〟という言葉があります。相性が合う、合わないというのは、このお互いの間の〝距離感〟の差異が影響します。

お互いの距離感は、一緒にいたい〝時間と空間〟という二つの距離がその重要な要素になります。

お互いの距離感が同じならば一緒にいても苦にならないし、異なっているなら段々とすれ違いが起こってきます。四六時中一緒にいたい人と、たまに会うだけでいいという人が付き合ってもそのうち別れてしまいます。

物理学では、縦・横・高さという３次元空間と１次元の時間を基本に考えます。

これを４次元時空間と呼びます。物理学の数式は、この４次元時空間を使って表します。

ちなみに、宇宙の「宇」は上下前後左右（天地四方上下）を意味し、３次元空間全体を表しています。「宙」は過去・現在・未来（往古来今）を意味し、時間全体を表しています。

この時空間の中の二人の距離関係が相性に関係するのです。

つまり、お互いがどの空間的な距離と時間を好むのか、しょっちゅうベッタリしたいのか、逢う時だけくっついていたいのか、たまに逢うだけで良いのか、声が聞ければ良いのかなどなどは人によって異なり、その関係がピッタリくる人同士の相性が良いと言えます。

気持ちでは惹かれ合っても、

時空間の距離が合わないとうまくいかない

ということになります。

さきほど、同じボールを投げ合って関係を保っている陽子と中性子の話をしましたが、実はそのキャッチボールの距離も重要なのです。核力は距離も関係したチカラとなっています。

遠すぎると近づこうとして〝引力〟が働き、今度は近すぎると遠ざかろうと〝斥力〟が働きます。そして、ちょうど良い距離に落ち着き、安定します。

このチカラを**原子間力**と言います。

人間関係や恋愛も同じで、時空間的にちょうど良い距離に落ち着こうとするチカラが働きます。

これを**人間間力**や**男女間力**と言うこともできます。

人間関係をうまく保つには、自分の心地よいと思う時間と空間の距離を把握することがまず初めの一歩です。続いて相手のそれを理解することが二歩目。

そうしてお互いのちょうど良い距離を探って、それをバランスよく保つことがよい関係を続けていく秘訣なのです。

人間とは宇宙のちょうど中間に存在するもの

人は英語で「ヒューマン」と言います。ヒューは色を意味していて、従って人は色の人ということになります。それぞれが様々な色を持っている個性の人と言えます。一人ひとりが違う色を持っていて、それを個性と呼ぶのです。

日本語では人を〝人間〟と書いて、〝間〟という文字が入ります。これはなぜでしょう。お互いにチカラを及ぼし合うことを〝相互作用〟と言いました。この〝間〟が相互作用を表していて、人と人の間には必ずチカラが働くことを意味します。つまり、

人は互いに作用・影響を与えている存在

ということになります。人同士はお互いに作用し、影響を及ぼし合っている間柄なのです。

また、人の身長は約1～2メートルです。この大きさは、比で考えると驚くべきことにちょうど素粒子などのミクロな大きさと宇宙の広さというマクロな大きさの中間に位置します。この宇宙の真ん中の大きさであるのです。

古代インドや各地の古代神話の宇宙観の中で「ウロボロスの蛇」というものが出てきます。自分の尻尾を噛《か》んで丸まっている蛇のことです。尻尾を素粒子、頭を広大な宇宙と考え、その真ん中のお腹の部分に人がいるという図を、著名な物理学者のグラショウをはじめ多くの物理学者が描いています。

彼らは、

人とは宇宙の間にある存在

と表現したかったのかもしれません。

すなわち人間とは「間にある人」。

とても興味深い話ですね。人は宇宙の真ん中にあって、全体を俯瞰する存在ということかもしれません。

ウロボロスの蛇

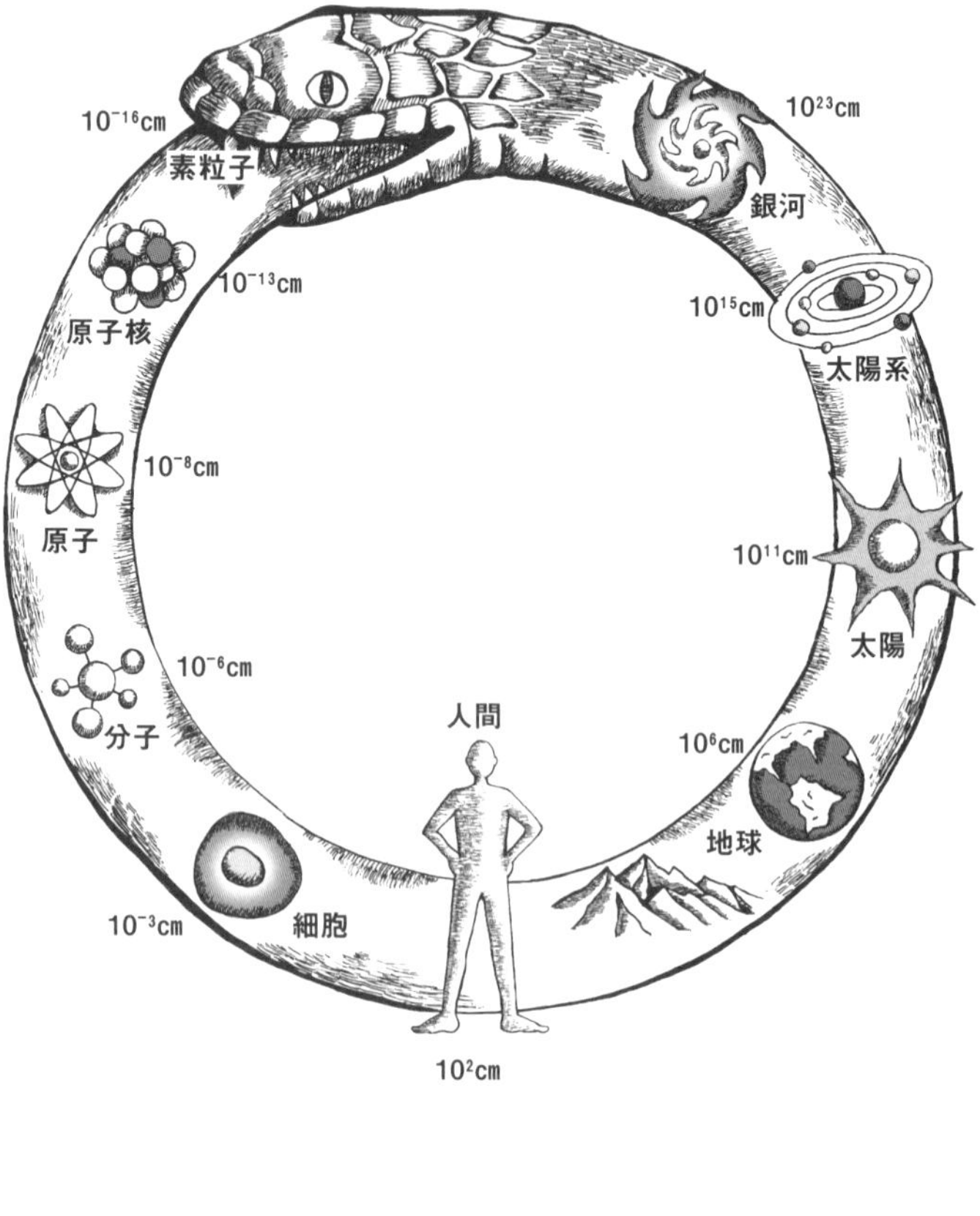

10^{-16}cm
素粒子
10^{-13}cm
原子核
10^{-8}cm
原子
10^{-6}cm
分子
10^{-3}cm
細胞
人間
10^{2}cm
10^{6}cm
地球
10^{11}cm
太陽
10^{15}cm
太陽系
10^{23}cm
銀河

アリストテレスは**メソテース（中庸）**という言葉を残しました。対極を理解しながら真ん中に立つという意味ですが、万物の真ん中の大きさに位置する人間とは、宇宙において中庸の役割を負っているのかもしれません。

それは同じ人に対してだけではなくて、動植物や自然環境に対してもそうであり、全体を観ながら調整をしていく存在、そのチカラの配分を求められる存在でもあると私は思います。

人は様々な個性を持ち、お互いが影響を及ぼし合っている。

また、宇宙の真ん中にいて、全体を見渡せる存在である。

そんな大きな視点を持ってみると、物事に対する様々な見方も変わってくるのではないでしょうか。

座標が違う人と無理して付き合う必要はない

相手に自分の考えを押し付けていませんか。

逆に、相手に合わせて、違う自分になろうとしていませんか。

人の心の距離を4次元時空間という座標系で考えると、すぐ傍の近しい距離にいる人、原点対象的で一番遠い距離にいる人など、そのあり方は様々です。

座標上ですぐ傍にいる人は、考え方や距離感も近くわかりやすい。その反面、原点対象の一番遠い距離にいる人は、考え方や距離感もまったくの正反対で最もわかりにくい存在だと言えます。

その遠い存在に好かれようとすると、自分が座標を変えて移動しないといけません。座標を変えるということは、自分の性格や想いを変えることになります。それは、とっても苦しいし辛い……。

座標が遠ければ遠いほど、苦しさは増します。すると、どんどん自分ではなくなってしまいます。

また、相手が要求するボールを自分の考えを変えてまで投げると、これまた自分らしさが失われてしまいます。人間関係を良くしようとするならば、まず、

人はそれぞれ違うということを理解する

ことが大切です。自分と違うことや周りと異なることで責めたりしない。

「そういう考え方もあるんだ！」と一旦受け止めましょう。

そこから関係が始まります。

理解できなくても、まずは相手を受け止めることです。

次に、自分のいる座標と持っているボールに自信を持って、「ここに立ってこのボールを投げるんだ！」と思うこと。

自分を卑下する必要はないし、むやみに他人と同調する必要もありません。

いま、ＳＮＳ上などでは、楽しそうな投稿やキラキラした内容も多いですね。それを見るにつけ、「自分はしんどいのに……」とげんなりする人も沢山いると思います。いわゆる〝ＳＮＳ疲れ〟ですね。

そのような時はＳＮＳから距離を置きましょう。自分には友人のキラキラ投稿は要らない。それで疎遠になっても、それまでのこと。距離とボールが合わなかっただけのことなのです。

２０１３年にアドラー心理学を解説した『嫌われる勇気』という本が刊行されました。他人から嫌われる勇気を持つことで、自由に気持ちよく生きることができる、と説く内容は日本人の心をつかみ、瞬く間にベストセラーになりました。日本は「皆と同じことをやらなければいけない！」という〝同調圧力〟が強く働く国です。その反動からアドラーの書が広く受け入れられたのでしょう。

また、他者との〝共感〟が強い人もいれば、中にはそれがまったくない人もいます。以前、母親がデイケアに通っていたことがありました。ケアマネージャーが「皆と一緒にご飯を食べたり遊んだりしたら楽しいから行きましょう」と誘いに来ます。しかし、母はまったく共感を持たない人で、独りでいるのが好きでしたので、一緒にと強要されると益々反発し、結局デイケアには行かなくなってしまいました。

母は野菜や植物を育てるのが好きで、いつも庭に出て野菜を育てたり、散歩をしながら野の花を愛でたりしていました。独りでもとっても楽しそうに過ごしていましたよ。独りだからといって、決して母が不幸だったわけではないのです。

座標の遠い人と無理して付き合うことはありません。そういう人に嫌われたところで、あなたの大切な人生には大した影響はないのです。

人に嫌われることは誰しも怖いことですが、アドラーの言う〝嫌われる勇気〟を持つことも大事なことなのです。

人はそれぞれ自分とは違うものを持っていることを理解した上で、自分の座標と投げるボールを確立する。人間関係や社会との関わりなどの基本は「理解と自信」にあるのです。

共鳴と共振が願いを現実化する

こんなタイミングでこの人に出逢ったのはなぜだろう!?　と考えてしまうことってありませんか。

望む人に、逢いたい人に出逢えたのは、いつも強く願っていたから。いわゆる〝引き寄せの法則〟が働いたから。そう考える人もいるでしょう。

「強く願えばかなう!」「思いは現実になる」――そのようなことを記した書籍も沢山出ています。

物理学の世界では、すべてが振動しており、その振動の仕方で物質のあり方や物事が決まっています。すなわち、

この世界は振動の世界

と言うことができます。

そして、物質や物事にはある決まった固有の振動数（周波数）があり、これを**固有振動数**と言います。物質や物事だけではなくて、感情や気持ちといった想い、考えなども振動で表されるのです。

そして、同じ振動数を持つものは、お互いに響き合います。これを**共鳴・共振**と呼びます。

例えば、広い体育館に振動数の違う音叉《おんさ》を沢山並べて、その中のある振動数を持った音叉を鳴らすと、同じ振動数のものだけが鳴り始めます。他の振動数が違う音叉はまったく反応しません。これが**共鳴**なのです。

人の想いも同じです。最も強く頻繁に想っていることが、実際にカタチとなって現れるのです。想いと同じ振動数を持った物事が共鳴を起こし、目の前に顕現するのです。

会いたいと思っていた人に会うことができた。何気なくネットサーフィンをしていたら、前から気になっていた商品が安く売られていた。

などがその例といえます。

では、想いを強くして願ったら必ずかなうものなのでしょうか。

現実はなかなか願いがかなわないことも多いですね。

これには、原因が二つあります。

一つ目は、「願いをかなえたい」という強い振動があるのだけれど、心のどこかで「できないかもしれない、ほんとかな……」という振動を同時に発生させてしまっていること。これが「願いをかなえたい」という振動を打ち消す方向に働きます。この現象を**干渉**と言います。

干渉が生じると、人は考えたり思ったりすることが億劫《おっくう》になってきます。

二つ目は、**他者の干渉**です。

人は一人では生きていけない存在です。それゆえ、必ず側にいる人やパートナー、同僚から、あるいは社会からの影響を受けます。

想いの波動への干渉

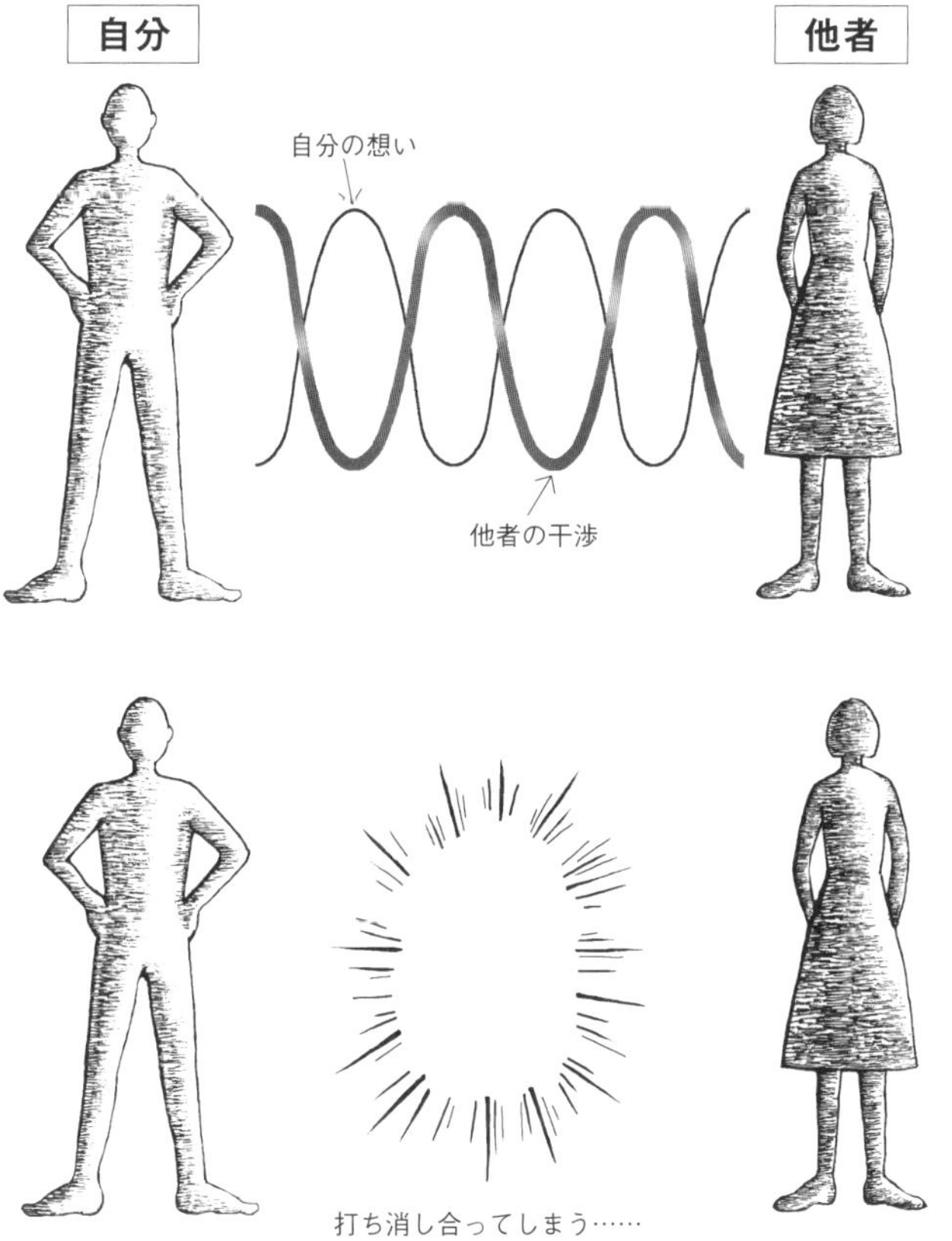

人の意見に干渉する、という表現がありますが、何かにつけ否定してくる人は文字通り、あなたの想いの干渉となります。

いろんな振動が入り交じって飛び交っている世界。それらが干渉を引き起こして人の想いに影響を与えます。人は知らず知らずのうちに感情や思考に影響を及ぼし合っているのです。

人だけではなく、森羅万象、草木鳥獣虫魚、見えない感情や想いはすべて振動していて、共鳴や干渉が絶えず起こっている。それがこの世界と言えるでしょう。

振動の共鳴と干渉という物理学的な考え方、これが引き寄せの法則の原理と言えます。従って願いを実現するためには、

望まない他者からの干渉と、自らが起こす干渉を避けること

が一番大切なのです。

また、いままで逢いたいと思っていた人にこの時期このタイミングで出逢った、というのは、振動の共鳴に加えて、タイミングという時間も大事な要素として働いています。つまり、

出逢いは想いの共鳴とタイミングが引き起こす

と言えるでしょう。

その想いとタイミングこそが「出逢いの意味」と言えます。これも一方通行ではない時間が関係する相互作用なのです。

素敵な想いの共鳴を起こしていきましょう。

第2章

選択と意味

モノ・コトは響き続ける

要らないモノ、沢山抱えていませんか。

前章で**人間関係はキャッチボール**と書きました。いろいろな想いのボールを投げると相手からもボールが返って来ますが、これはモノにも同じことが言えます。

買ったモノでも貰ったモノでも、あなたはそこに大小の差はあれ、想いのボールを投げています。すると、そのモノからも同じ想いのボールが投げ返されて来ているのです。

大切にしている宝物に、あなたは知らずのうちに愛情や愛おしさのボールを投げています。すると、モノからも同じ愛情や愛おしさのボールが返って来ます。中には、執着や憎悪の場合もあるでしょう。そのような想いもモノから返って来ています。そこに人とモノとの目に見えない〝相互作用〟が生じ、時間が経てば経つほどそのチカラは強まっていきます。

そうやって、人とモノによる一つの物語が作られていきます。想いの数だけ、そこに物語が生まれ、費やした時間だけ、その物語のチカラは強くなっていきます。たとえ、本人が忘れていても、モノは物語を紡ぎ続けます。知らない所で、その人にずっとボールを投げ続けているのです。

そして、そのモノやモノが投げているボールが、その人の目に見える空間のみならず、想いや考えといった見えない空間までも占めてしまっているのです。

例えば、過去の恋人から貰ったモノや一緒に映った写真などを手元に置いている人は、本人が意識している、していないにかかわらず、いつまでもその関係を引きずっていると言えるかもしれません。

引き出しの奥や押し入れの段ボールの箱に忘れ去られていても、モノから想いのボールは返され続けているのです。

また、過去に起こった出来事や、いまだ起こりもしない未来の出来事に思い悩んでいる人にも同じことが言えます。

そのような出来事（コト）に想いがいってしまう人は、〝コト〟とのボールのやりとりに終始して思考停止に陥っていることが多いと思います。その結果、身の回りの大部分がそのコトで占められ、身動きが取れなくなってしまうのです。

そう考えると、

モノ・コトは響き続ける

と言えるでしょう。

なかなか思い通りにいかないことが多い人、人間関係がうまくいっていない人は、要らないモノ・コトを抱えている場合が多いのです。

それは、いつまでも不要なボールが返って来ている人に多い現象だと言えます。部屋の空間のみならず、知らずのうちにこころの中まで負の相互作用のボールで埋められてしまっている。

一度こころを落ち着けて、身の回りにある負のボールを投げ返して来ているモノ・コトに目を向けてみましょう。

〝要らない響き〟どれだけありますか。

捨てることでいまが充実する

不要なモノ・コトがあるならば、有効な手段は、

捨てること

です。

本屋さんには多くの片付けや整理整頓に関する書籍が並んでいます。何冊も買って実践された方も多いのではないでしょうか。

片付けをして、要らないモノ・コトを捨てること、とっても効果があります。

不要なモノやコトからのボールを受け取らないようにすることで、こころを占める領域を整理し、新しく入って来る領域を広げることができます。こころは容量が決まっているからです。

特に、新しい関係や環境を作りたい時には、過去の恋人や、関係を断ちたい人からもらったモノ、かかわった出来事、過去の写真などを思い切ってバッサリ捨ててしまいましょう。

こころの中を過去のモノ・コトによる物語が占有していて、いまが少なくなる状態にしないでください。大切なのは、

限られたこころの容量をいまで占めること

です。

いまある必要なモノ・コトが一番大事なのです。捨てる基準、必要なモノ・コトを残す基準はそれぞれあると思いますが、いままでの自分の価値観から離れて、思い切ってバッサリと捨ててみることをおすすめします。

私も過去の写真や関係するモノ、名刺も含めてモノ・コトをすべて捨てたことがあります。大量に捨てた時がありました。そうすることで、過去を一切思い出さなくなりました。そこには、いましか見ていない自分がいたのです。いままでクヨクヨ考え

ていたことも、すっかり抜けてしまっていたのです。

現状を良くしたいと思うならば、まず片付けましょう。その中で、

捨てる勇気を持つ

ことが大切です。要らなくなった過去のモノをはじめ、1年以上目にしていなかったモノなら、とにかく捨てる習慣を身に付けましょう。

自然は至極シンプルです。

例えば、アインシュタインのエネルギー等価の法則（$E=mc^2$）や量子論のシュレディンガーの波動方程式は、とてもシンプルなカタチで表されます。

物理学では、**美しいからシンプルであって、シンプルだから美しい**、と考えられています。

片付けや整理整頓でモノやコトをシンプル化することは、空間や頭のカテゴライズにも繋がっていきます。いま必要なことがより明確になるのですね。

〈エネルギー等価の法則〉

$$E=mc^2$$

Eは物質のエネルギー、mは物質の質量。cは光速を表す。
アインシュタインはこの式によって、質量が小さい
物質でも、膨大なエネルギーを秘めていることを示した。
光速は約3.0×10^8(m/s)。

「片付けは人生を変える」とよく言われていますが、物理学的にみてもそれは正解だということです。

散らかった部屋やゴミ屋敷には、より良いモノは来ないのですから。

量子力学最大の謎

素粒子（量子）は、人間が観測していない時には波動であって、観測をすると物質として現れる性質があります。これを量子論では**二重性**と言います。

１９００年代に提唱された理論ですが、ミクロの世界では物質と波動（非物質）が共存している、というものです。

素粒子は〝見ていない時はどこにいるかわからない《波》の状態にあり、観測すると途端に《物質》に収束する〟という、とても面白い性質を持ちます。

左の図はその現象を示した「電子の2重スリット」という有名な実験です。電子銃を使って電子（量子）を2重スリットに通過させてみた場合、スリットの向こうにある観測板には波特有の干渉縞（縞模様）ができます（上図）。粒子を飛ばしたのに波の干渉縞が観察できるのですね。このことより電子は粒子と波動の二重性を持ってい

２重スリットの実験

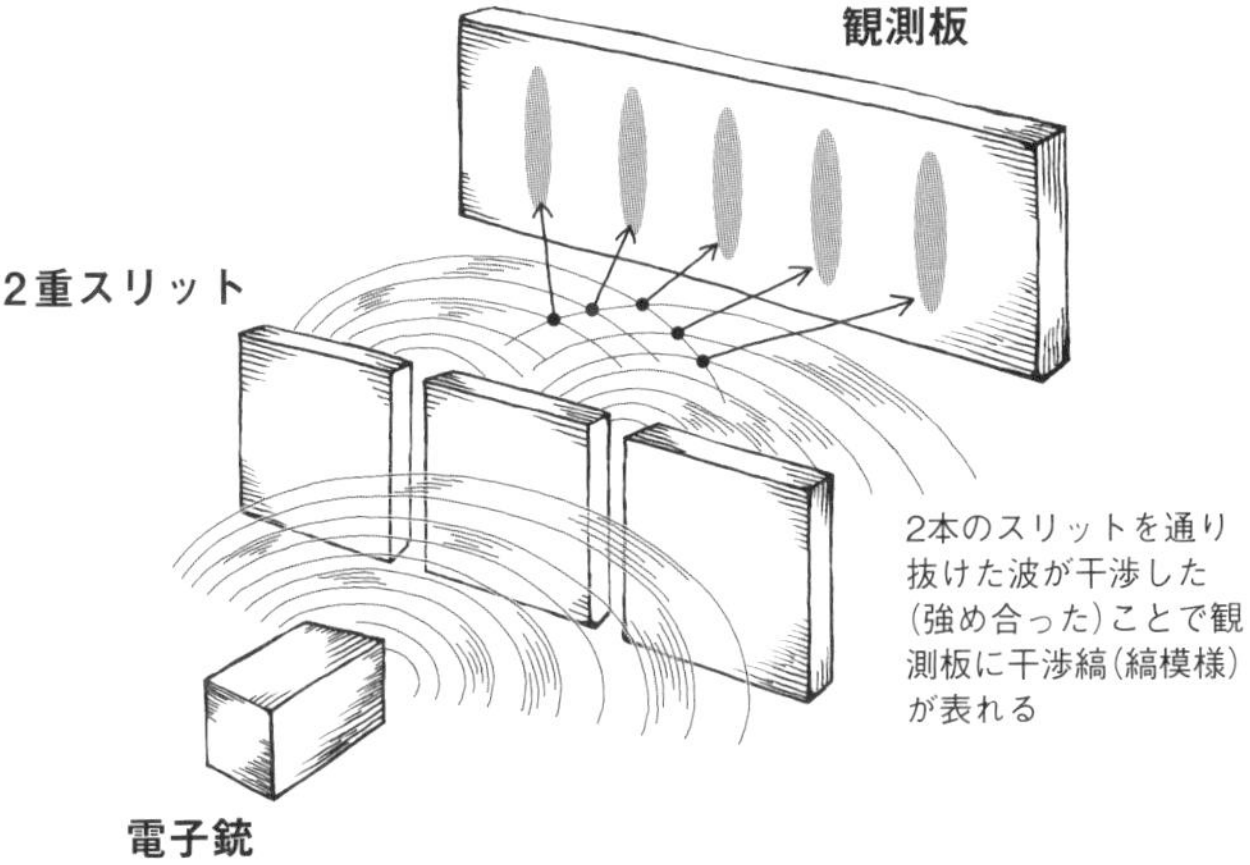
観測板
2重スリット
2本のスリットを通り抜けた波が干渉した(強め合った)ことで観測板に干渉縞(縞模様)が表れる
電子銃

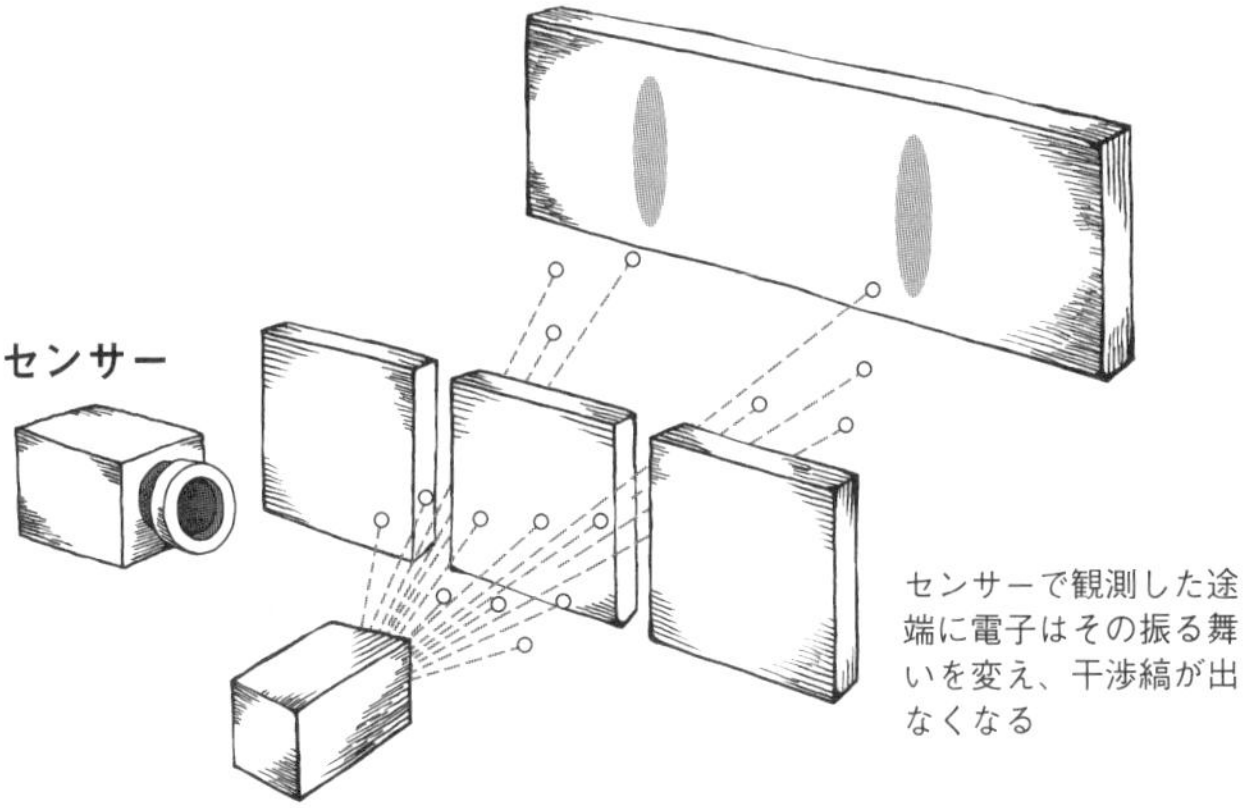
センサー
センサーで観測した途端に電子はその振る舞いを変え、干渉縞が出なくなる

ると言えます。

また、この現象を観測するために、一方のスリットにセンサー（検出器）を置いて同様の実験をすると、観測板には干渉縞は出なくなります（下図）。電子は観測をしていない時には波として現れ、観測を試みた時には粒子（物質）として現れる、という驚くべき現象が起こるのです。

さらに興味深いことに、観測を途中でやめると、観測板には再び干渉縞が現れます。まるで粒子が自分の真の姿を人間から隠しているかのようです。

これは**観測問題**と呼ばれており、この現象についてのきちんとした説明はいまだになされていません。

量子の話とはやや話題がずれますが、お月さまも皆が見ているから顕在化しているという説もあります。世界中で一斉に月から目を逸らすと、月はそこにはなくてどこかに漂っている。そんな仮説を唱える物理学者もいます。

しかし、それを証明することはできません。肉眼はもちろん、カメラなどを向けても観察していることになるので、確かめようがないし、真偽のほどはわからないのです。

物理学者のデヴィッド・ボームは「真の秩序は、人間の思考を超えたところに隠されている」と言いましたが、観測問題は私たちにとって非常に示唆的な現象です。〝観測すると物質化する〟ということは、〝観測しようと人間が意識することで物質として現れる〟という意味です。それはつまり、〝自分がフォーカスしたり選択したりすることで、物事が現実化する〟のと同じことを指しているのですから。

思考や想いは現実化する

今日のご飯は何にしよう、着ていく服はどれにしよう、という些細なことから、この仕事で良いのだろうか、この人と結婚して良いのだろうかといった重いものまで、日常の中でいろいろと迷うことも多いですね。毎日が〝選択の連続〟だと言えます。

その中で、最短経路でゴールに辿り着く人、遠回りして時間を掛けて辿り着く人、全然辿り着けない人と様々です。何が違っているのでしょうか。それは、

フォーカスする視点の違い

です。

できない自分をイメージしたり、悪いことが起きるのではないかといつも不安に思っていたりすると、その通りの現実がやって来ます。

「最悪に備えて準備をする」という人がいますが、得てしてそのような人には最悪の結果やそう思える出来事がやって来るものです。本人は「準備していてよかった！」と思うのかもしれませんが、最悪を引き寄せたのは本人なのです。前述した観測問題同様、そのことばかりにフォーカスし、それが現実化されたと言えるでしょう。

皆さんは日頃いろいろなことにチャレンジしていると思いますが、１００回チャレンジして１回だけ成功した場合、どこにフォーカスしますか。99回の失敗に目を向けて悔やんでばかりいるのか、１回の成功に注目するのか。

偉大な発明家のエジソンが、実験を１万回も失敗したのに諦めなかった理由を聞かれて、「私は失敗などしていない。１万回のだめな方法を見付けただけだ」と答えました。彼が成功した理由は「ネガティブフォーカス」をせず、ポジティブな方に目を向け続けた結果だと言えます。

ポジティブフォーカスとは、良い事象に目を向けることで、良い結果の現実化を図る方法です。

人から「頑張らないとダメだぞ！」「頑張ったらこんな良い結果になるぞ！」と二通りの言い方をされた場合、どちらがやる気が起きますか。

もちろん後者ですよね。ポジティブなものの言い方はとても大切です。言った本人も言われた相手も気持ちが上向きになりますから。

仕事や人生においては、大きな夢や目標といったベースの上に具体的な考え方や手法を組み上げていきますが、その際、ポジティブな考えや想いを頭の中に描いていきましょう。

楽しく前に進んで行く自分、すべてに優しい自分などを思い浮かべながら、いつも、

良いものを選択・フォーカス

していきたいですね。

自分の軸や世界観がブレなければ、多少選択が間違っても大丈夫です。少しくらいは遠回りするけれど、軸に沿って進んでいけるのです。

コトの総量は同じ

いま身の回りにどんなコトが起こっていますか。

毎日が楽しく幸せだ、毎日仕事や生活で大変だけど楽しいこともある、大変なことばかりで楽しいことなんてない、これもまた人それぞれでしょう。

物理学で言うと、この世は広大な宇宙も微細な素粒子も様々なチカラがバランスを取って存在している世界です。

物質と波動の関係を考えると、東洋思想の「陰陽の世界」と相通じるものが多くあります。見えるモノと見えないモノが陰陽のバランスの上に成り立つ、また、万物は流動的で絶えず変化するといった世界観などがその例です。

素粒子物理学と東洋思想の共通性に言及する学者も沢山いて、その相関を述べた『タオ自然学』（F・カプラ）という本もあります。

陰陽のバランスの世界ならば、楽しいこともあれば苦しいこともあるし、全人生を通してみると、楽しいことと苦しい大変なこととの総量は同じになります。

コトの総量は同じ

なのです。

「そうかな、苦しいことの方が多いと思うけど……」と言う人もいるかもしれません。

それは、苦しいことや辛いことの方がこころに残りやすいからです。

辛いことがあった分だけ楽しいことや幸せなこともあり、辛さが大きいほど幸せも大きなものとなってやって来ます。

また、起こることに意味を求める人もいます。

この世界は前章で述べたように共鳴と干渉が織りなす世界であって、他の人や様々な現象が波の重ね合わせのように入り交じっている世界です。

出来事は共鳴と干渉の強さに依存していて、確率に支配されているものだと考えられます。つまり物理学的には、

コトのすべてに意味はないし確率論的なもの

なのです。

自分の身に起こった出来事にフォーカスし、そこに意味を付けたいのなら意味は生じますし、無視をすれば意味は生まれません。

すべては本人の意識次第なのです。

しかしながら、人生には繰り返し起こる出来事がよくあります。

「最近、よく同郷の人に会う」

「立てつづけに同じフレーズの文字を見る」など……

それは本人の想いによる共鳴と干渉が起こした、次に進むための必須のイベントだと言えるかもしれません。そこに気が付き、行動を起こしていくことが大切です。

大切なことにいち早く気が付く感性、気付くチカラは持っていたいですね。

意味付けのイミ

忘れられない出来事や、忘れたくても思い出してしまう出来事などはありますか。

私が幼少の頃、両親は共働きで忙しくしていました。家族旅行はおろか一緒に遊んでもらった記憶もありません。同級生が旅行に行った話を学校で聞くたびに、いつも羨ましく感じていたものです。寂しさのあまり、駅まで行って知らない人を遊びに誘ったことも一度や二度ではありません。そのたびに、駅員さんから両親に連絡が来て注意されていたそうです。

ほったらかしにされていた、凄く寂しかった、構ってほしかった、大人になってからもそういった感情が内にあって、知らず知らずのうちに両親を責めていたように思います。

しかし、大人になって、教育費を稼ぐために両親は頑張っていたのだ、汗水たらしながら私のために働いていたのだ、自分たちも子どもと遊びたいのを我慢して懸命に生活と対峙していたのだ、と思わせる出来事がありました。

それを機に、両親に対する申し訳ない気持ちと感謝の気持ちが大きくなっていきました。

過去に起こった現実や出来事を変えることはできません。

しかしながら、その意味はいくらでも変えることはできます。ある意味で、過去は変えることができるのです。

過去は変えることができる

想いが変わると、両親との関係もまったく変わっていきました。そして、私の身の回りに起こる事象もどんどん変化していきました。

出来事に対する事象の捉え方や解釈の仕方によって、次に起こることもそれに伴って変化していきます。

のです。意味付けのイミがここにあるわけです。選択するモノや価値観、あるいは世界によって、解釈の仕方によって、その後も変化していくのです。

解釈の仕方によって次に起こるコトも変化する

私はとある企業に20年近く勤めていました。

物理畑出身だったので、入社当初は半導体の研究開発を行っていましたが、途中から経営企画や人事の部門に配属になり、約10年にわたって企業戦略や人事戦略を練る仕事に携わりました。畑違いの私がなぜ経営!?　なぜ人事!?　と思うことも多々ありました。

そんな中、仕事に忙殺され、身体的にも精神的にも極度に疲労し、ついには倒れ、2か月の休職を余儀なくされました。

会社員人生は終わった、もう昇進もない……。

そう悲観に暮れていたある時、偶然ネットで心理学系の本を目にしました。

引き寄せられるように購入して読んでいくうちに面白くなって、それを機に、哲学や精神世界系の本を読みあさるようになりました。

そこに新鮮な発見を多く見つけた私は「これって物理学で説明できるんじゃないか」と思うようになりました。

それからは、書物片手に、見えない世界を物理学で説明することに熱中していったのです。

その後、間もなく会社に復帰しましたが、再燃した物理学への思いを抑えることができず、ほどなく退職し、その後、ＴＥＤに登壇したり会社を立ち上げたり、またこの本を書いたりしている次第です。

人生には数々の転換点がやって来ます。その時、どこにフォーカスするのか、どう捉えるのかでその後の人生が決まっていきます。

考えと合わない仕事、休職を余儀なくされたこと、まったく合わない人との関係で退職に至ったこと、仕事を辞めて自分の基本を考えさせられたこと、などなど捉え方によってはネガティブに思えることも多いですが、その解釈の仕方で次に自分に起きる出来事が決まります。

倒れて休職になったことは、当時はかなりショックでした。しかし、そうなることで、いままでとは違う書物や考え方に出逢い、そのお陰で自分の進むべき道が決まった、そこにはとても大きなイミがあったと思います。

より良い選択や考え方を身に付けていきたいものですね。

視点を変えることによって、人生の質は良いものに変えられるのですから。

見えるけれど、見えないモノ

皆さん、幽霊を見たことがありますか。

実は、私は小さい頃からいろいろなモノが見えていました。不思議な現象に遭遇することも多く、「そんな世界なのだ」と思って育ちました。

目の前を、ボーっとしたエネルギー体のようなモノが通り過ぎたり、庭に足あとだけが残っていたり、聞こえるはずのない音が聞こえたりなど……。そのような経験を通して**「この世界には見えないモノが沢山ある」**、そう当たり前のように思っていました。

それを恐怖と感じることはほとんどありませんでしたが、ごくたまに「怖い！」と身震いする時もありました。そんな時は、家じゅうの窓を閉めたり、怖いと感じる場所を避けて遠回りして家に帰ったりしていました。しかし、幽霊とかお化けとか、そういった類のものは決して見たことはありませんでした。私が見ていたものは、すべてが〝エネルギー体〟だったのです。

そのエネルギー体、霊能者さんたちが見ると、幽霊やご先祖さまに見えると思います。なぜなら、彼らにとってはそのような世界観にあるものだから。

視点がそこに向いていて、フォーカスしているから、エネルギー体がその姿カタチに見えてしまうのです。

それは、良い悪いや、正しい間違いとかではなく、

視点の違いから来る現象

なのです。

量子論からすると、この世界は**選択の世界**です。選択するモノやフォーカスするモノによって、事象が変化していきます。それと同じように、視点の違いで見えるモノが変化します。同じモノを見ていても、その人の捉え方や世界観、バックグラウンドで見え方が変わるのです。

古来、霊的なものが当然のように信じられてきた日本では、実際に幽霊は〝いた〟のかもしれません。科学の世になり、そのようなものが否定されがちな社会では、一部の人を除いて、幽霊は〝いなくなってしまった〟ということになるでしょうか。

つまりは、幽霊はいると思う人にはいるし、いないと思う人にはいないということになります。

いるようでいない、いないようでいる……禅問答のようですが、量子論的世界観からは、そうなってしまうのです。

また、エネルギー体によって、怖いと思ったり、怖くないと思ったりすると書きましたが、その理由は、〝エネルギーの質〟の違い、あるいは〝情報の違い〟であると私は考えています。

エネルギーや情報も人やモノに対して相互作用をします。どこにどんな相互作用をするのか、によって受け取り手の感じ方や捉え方も変わってきます。この微細な相互作用を感じることができる人は敏感で、俗に言われる〝霊感が強い人〟となるわけです。

人の強い想いや感情が〝想念〟というカタチで長い間留まっていたり漂っていたりすることもあり、それがエネルギーの一つの形態だったりします。本当は、それが一番怖い相互作用だと思いますよ。

こういったことについても、量子論や宇宙論に関しては、様々な仮説が提唱されています。

〝選択した世界やされなかった世界、それらが無数に存在する〟と主張する**多世界解釈**や、宇宙が無数に存在する**マルチユニバース**という考え方がそれに当たります。

アメリカの物理学者、リサ・ランドールが提唱する5次元宇宙では、我々の4次元時空間の外に、時間も空間も関係ない5次元世界が広がっています。

そこに、時間も空間も超えた〝大いなる存在〟と呼ばれるものがいる、と考える物理学者もいます。

私が見ていたエネルギー体や不思議な存在も、そこの住人なのかもしれませんね。

第3章

成功の方程式

こころが揺らぐのは、当たり前

仕事でストレスを抱えていませんか。

なかなかうまくいかずイライラしていませんか。

大なり小なり誰もがストレスを抱えていると思います。

ストレスという用語は、元々物理学で使われていたものです。物体の外側からかけられた圧力によって歪みが生じた状態で、そのストレスをかけるチカラをストレッサーと言います。

職場におけるストレッサーとは、統計的にみると〝人間関係〟が最も多く、〝仕事の質や量〟と続きます。

一旦ストレッサーが起動すると、体の中にある交感神経という末梢神経が活性化し、動的なエネルギーが上昇します。すると、今度は副交感神経と呼ばれる末梢神経が、それを抑制するような静的エネルギーとして作用します。いわゆるエネルギーの干渉が起こるのです。

その結果、エネルギーが打ち消し合ってゼロになれば良いのですが、どうしても動的なエネルギーが残ってしまう場合があります。

これが残留エネルギー（残留ポテンシャル）、つまり残ったストレスとなって表に出てくるのです。

つまり、

ストレス＝残留ポテンシャル

と言い換えることができます。

この残留ポテンシャルが大きいと、いつまでもストレスを感じてしまう状態になります。それが多数あると、もう大変ですね。従って、残留ポテンシャルを溜めないことが大切になってきます。

副交感神経は体がリラックス状態にある時に活性化されます。心地良いと思ってリラックスする時に活性化されるのです。

あなたは、どんな時にリラックスしますか。

ベッドに入っている時、お風呂に入っている時、好きな音楽を聴いている時、美味しいものを食べている時……。

そんな時間を意識的に作って、体の中にある残留ポテンシャルを減らしていきましょう。

その際、頭の中に残留ポテンシャルの風船を思い浮かべて、心地良いことを実行することで、風船が小さくしぼんでいくことをイメージすると良いと思います。

この宇宙は何もないところからビッグバンが起こり広がっていったと言われています。それは、物質を構成する最小単位の素粒子の生成と消滅の繰り返し、つまり「有」と「無」の間の〝揺らぎ〟から発生したのです。

つまり、

この世は揺らぎの世界

なのです。

揺らぎはすべての始まりであり、そして、すべてのものは固有な振動をもって、バネの振動のようにあちらにこちらに揺れています。従って、揺らぐのが当たり前の世界なのです。

そして、物理学的には、揺れの小さなものほど安定状態であると言えます。残留ポテンシャルによって大きく振動しているこの揺れを、いかに小さくしていくか、がストレスを減少させるポイントとなります。

また、レジリエンスという言葉があります。

これも回復力や復元力といった物理学用語です。ストレスに打ち勝つチカラを指しますが、バネの強さに比例します。こころのバネを強くするという意味があります。

そのためには、苦しいことや辛いことがあれば、

「この苦しい峠を乗り切れば素敵な景色が見える！」

「苦労した量に喜びは比例する！」

そう考えて、こころのバネを強く保つようにしましょう。

人は自分と他人とを比較して、自分の身にばかり嫌なことや辛いこと、苦しいことが起こっていると考えがちです。強いストレスにさらされると、その想いも一段と強くなります。

しかし、前述したように、人生は苦しいことや辛いこと、楽しいことや幸せなことのバランスで成り立っています。

正負の総量は同じ

どちらかに偏ることはありません。

ストレスを感じた時は、自分が一つのバネだと思ってください。

「バネのように揺らぐのが当たり前の世界、悪いことがあったら次はいいことがある」

そう考えると心が軽くなってきませんか。

人生揺らいで当たり前

の世界なのです。

「苦しいこと、辛いことばかりだ！」

とネガティブな方にばかり目を向けて、負の方向に伸び切ったバネにならないように してください。

不確定性は世のことわり

現代は、不確実な世界、先が見えない時代と言われています。確かに、次に起こることを予想するのはなかなか難しいですね。経済や企業活動においても同じことが言えます。

秩序や決まり事を重視したり、変化を嫌って現状維持に努めたりする世の中で、そんな不確実で先行きのわからない未来に強い不安を覚える人も多いことでしょう。

では、いまの世界はまったく不確実で混沌としたカオス的な世界に向かっているのでしょうか。

この宇宙や世界の構造といった、大きな枠組みで考えてみましょう。

物理学的に、この世界は相異なる二つの視点で考えることができます。

一つは時計仕掛けのような曖昧さのない秩序正しいキッチリとしたもの。

もう一つはその真逆の、すべてが無秩序なカオスのようなものです。

いまから約２００年前、ニュートンの時代の古典物理学の考え方においては、前者の時計仕掛けの世界観で物事が認識されていました。すべてが運動方程式に従うようなキチンとした世界観です。

ところが、１９００年代に量子論が登場すると、世界は常に揺らいでいるという概念から、完全・完璧という言葉が否定され、そこから不確実な世界観が生まれました。アインシュタインの相対性理論においては、時間も空間も絶対ではなく相対的に変化し、ちょっと先の未来も確定していないのです。この宇宙や世界は実に曖昧なものなのです。

そう、人間が秩序のもとに構成されていると考えていたこの世界は、そもそもが曖昧で不確実なものだったのです。

そのような世界を認識させてくれたのが、**ハイゼンベルクの不確定性原理**です。

これは、粒子の位置と運動量は同時に決められないという量子論の原理です。

粒子の位置を測定すると、粒子の運動や振る舞いが曖昧で確定できないものになり、逆に粒子の運動を測定すると、その位置がよくわからなくなってしまうというものです。

例えば、あなたのいる場所がわかっても、そこであなたが何をしているかはわからない。逆にあなたが何をしているかをわかろうとすると、今度はあなたがどこにいるのかがわからなくなる、という原理です。まさにこの世は、**不確実で曖昧な世界**と言えるのです。

大きな経済活動や企業活動から、個人事業経営や日々の生活にわたるまで、そこにはなんらかの秩序が存在し、その中には必ず〝変化〟が含まれています。例えば、順調だった売れ筋商品が売れなくなり、突然新しい流行の波が来て違った商品が流行り出したりします。変化とは不確実なものです。そして、それぞれの活動においてはその〝変化〟に対応することが求められます。

理念や目標、夢と言ったベースの上に、変化を受け入れ、あるいは先取りをし、対応していくことが求められます。

ダーウィンが「進化論」でこう述べています。

「生き残る種とは、最も強いものではない。最も知的なものでもない。それは、変化に最もよく適応したものである」

環境の変化に適応した者だけが生き残っていくという進化論は、そのまま私たちの日々の生活や活動にも当てはまります。不確実な世界を不安に思うよりは、絶えず変化を予想しながら対応していく柔軟性が求められているのです。

先の見えない不確実で混沌とした世界が不安だと思う人も多いですが、元々世界は秩序と無秩序が混在したものなのです。「移ろい変化することが世の必然だ」と考えると、こころにある漠然とした不安も和らぐ気がしますよね。

完璧を求めない

仕事においても、また生活においても、独りよがりになっていたりしませんか。

自分独りで頑張っている、自分ができればいい、他人のことは後回し、などと考えていないですか。

前述したように、私は会社員時代に経営戦略や人事戦略を立てる部門の仕事に携わり、様々なプロジェクトにも加わって他社への出向も多く行いました。

その中で強く学んだことは〝独りでは何もできない〟ということでした。いくら良いアイデアでも、独りよがりの考え方では通用しないし、かかわる人の協力なしでは成し遂げられないということを嫌というほど経験しました。

この世は、振動から成り立っている**共鳴と干渉の世界**です。

独りよがりの考え方や行動では、周りからの賛同は得られないし、共鳴は起きません。逆に、そこには必ずと言ってよいほど干渉が起きます。考え方や行動、結果において、干渉、つまり打ち消す方向にチカラが働くのです。

反対に、誰かを助けるため、多くの人の幸せのためのアイデアや行動を心掛けていけば、そこには共鳴が起きます。困難に思えることでも、応援や手助けが入ってきます。チカラが沢山集まってくるのです。

しかし、いくら共鳴を呼ぶ考え方や行動を取っていても、邪魔が入ることがあります。それは、他者からの場合もあるし、自分自身の場合もあります。

他人からの中傷ややっかみ、過去に自分が失敗した事に対するトラウマなどです。そのようなものは、自分ではどうすることもできません。その場合、

コントロールできないモノに固執しない

という意識を持つことが重要です。

量子論で見れば、素粒子は波でもあるために、うまくコントロールが利きません。

あちらにいると思えばこちらにいる、壁からも染み出してしまいます。

人間もそのようなもの。他者からの中傷や、過去に起こった嫌な出来事も、波のようにコントロールできないモノと割り切って、いま頑張るための単なる出来事と意味付けを変えて人生の糧にしましょう。


また、完璧を求めすぎて失敗する人もいます。

私の場合、会社員時代に苦い経験をしました。複数社がかかわるプロジェクトで、皆が効率よく作業できるように、計画やスケジュールをいつもギチギチに組んでいたのですが、あまりにも完璧を求めすぎて事がうまく運ばなかったのです。プロジェクトメンバーへの配慮も欠けていました。自分独りでコントロール可能だし、そうしなければならないという、余裕のない独りよがりの考え方で事を進めた結果です。

量子論では、１００％という事象はあり得ません。すべてが揺らいでいて、前述した不確定性原理のように確定できるモノがない世界だからです。**この世界には完全完璧は存在しない**のです。ゆえに、

完璧を求めない

という姿勢が必要になります。

〝良《い》い加減〟という言葉があります。悪い意味にも取られることがありますが、元々の意味は〝ちょうど良い加減〟。完全完璧がないこの世界で、うまく生きるための考え方を簡潔に言い表した表現だと思います。

共鳴を呼ぶ考え方や行動をベースに、ガチガチの思考ではなくて、時には肩の力を抜き、〝良い加減で、ちょうど良いあんばいの柔軟性〟を持って事に当たっていきましょう。

拠り所は目に見えないモノ

拠《よ》り所を持っていますか。それは、お金や地位、名誉ですか、それとも仕事や趣味、家族ですか。

成功者と呼ばれている人は、こころに何かしらの拠り所を持っている人が多いですね。拠り所とは「支えてくれるもの、頼りにしているもの」という意味です。

こころの拠り所は人それぞれだと思いますが、私の知る限り、うまくいっている人の中で、お金やモノといった物質的なものをこころの拠り所にしている人はあまり多くないように思います。それよりは仕事に対する夢や家族からの愛情といった目に見えないモノをこころの拠り所にしている人の方がはるかに多く、人生を楽しんでいるように感じます。それはなぜでしょうか。

ここ10年以上にわたる宇宙の観測や考察から、この宇宙は大きくは物質（マター）・見えない物質（ダークマター）・見えないエネルギー（ダークエネルギー）の３層から構成されていることがわかってきました。その構成比率はおよそ、

マター：５％、ダークマター：27％、ダークエネルギー：68％

となっています。

目に見えて触れることができる物質は、たったの約５％。この世は、

見えないモノが約95％を占める世界

なのです。

お金やモノといった物質はわずかであり、それを求めても限りがあります。それよりも、夢や希望、安心や愛情といった見えないこころの領域が大きな割合を占めていて、そこに目を向け、こころの充足感を求めることの方がより大切なのです。

従って、やりがいや生きがいは、物質的な優劣では決まらないのです。
成功者たちにもそれは共通しています。決して、物質的なモノだけを求めてはいません。

また、失敗を経験したことがない成功者はいません。彼らは、失敗で落ち込む暇があれば、失敗した理由、問題点を把握、分析し、それを改善し、何度でもチャレンジしていきます。その失敗からもたらされる様々なものが、自らの拠り所にもなり、こころの糧にもなっています。こころの糧は見えないモノから成っていて、成功者の生きるよすがとなってきたのです。

また、世の中には一般的に〝パワースポット〟と呼ばれている様々な神社仏閣や場所があります。パワースポット巡りというツアーもあるくらいですよね。それも目に見えないこころの拠り所が多く存在する証左なのかもしれません。

そんな一般的なパワースポットとは言わずとも、ここにいればなぜか落ち着くという場所や、不思議と元気が湧いてくる場所、あるいは会うと癒される友人などを人は個々に持っているものです。

そのような作用をもたらすものは、その場所や人そのものという〝物質〟ではなく、それらが持つ〝目に見えない何か〟ということにあなたは既に気付いているのではないでしょうか。

自分なりの拠り所やパワースポットを持ちましょう。

疲れている時に帰っていく、アイデアが欲しい時に行く、パワーが欲しい時に行く場所や会う人を持つことは、あなたの人生をより充実させてくれます。

目に見えるモノやお金での安息は長続きしません。あなたが本当に必要としている〝拠り所〟は、じつは目に見えないモノである確率が高いのです。

成功は強みと時間の関数

自分の強みを活かしていますか。好きなことを活かした仕事をしていますか。

4次元時空間のどこかにいるあなたには、その位置と時間での強みが必ず存在します。どんなに自分に自信がない人でも、

「これは得意だ！　これは人よりできる自信がある！」

とは言わないまでも、

「これだったらやれる！　これならできる！」

といったものを必ず持っています。人にはそれぞれ強みがあって、必ずその強みを発揮する出番があるものです。

持っている強みを使って好きなことができたら、大きな喜びになります。また、それを多くの時間を掛けてやり遂げて行けば、成功を手に入れることもできます。

ここで、仕事（エネルギー）の関数を考えてみましょう。
物理における〝仕事〟はチカラと距離との積になります。ある物体を一定の力Fでsメートル動かした時の仕事をWとすると、

W（仕事）＝F（チカラ）×s（距離）

という式で表せます。これをみなさんの〝仕事〟に当てはめて考えると、

仕事＝強み（好きなこと）×時間

という式になります。強み（得意技で好きなこと）が〝チカラ〟、取り組んだ時間が〝距離〟に相当します。強みであることを時間をかけて長く続けていけば、当然仕事の量は大きくなります。その結果、仕事において成功を収めることができるというわけです。これが仕事における〝成功の方程式〟と言えます。

しかし実際、好きなことを仕事にしている人は少ないと思います。なんとなく行っている、業務だから仕方なくやっているという人の方がはるかに多いでしょう。

そのような人は、視点を変えて〝仕事を好きになる〟ように努めましょう。人生や仕事を楽しむためには、好きなことを行うのではなくて、

行うことを好きになる

ことがとても大切なのです。少しの楽しみや喜びを仕事に見出していけるか、が貴方の人生を大きく左右します。「好きなことをしましょう！」と軽々にいう風潮もありますが、そうではありません。皆がみんな好きなことしかしなくなったら、この社会は成り立っていきませんから。

スティーブン・ホーキングも言っています。

いまの仕事を好きになれないのでは、違う仕事に就いても好きになれない。
いまの仕事に一生懸命になれないのでは、違う仕事でも一生懸命になれない。
いまの仕事を好きになって一生懸命やった時、次なる道が見えてくるものだ。

また、仕事の方程式から言えることは、

成功は時間の関数である

ということです。一つひとつ時間を積み重ねて続けていくことが必要です。続けた人が成功するのであって、諦めてしまった人には成功は訪れません。後悔をするのは、やってしまった失敗よりも、やらなかったことについてなのです。ニュートンやアインシュタインだって、一つの研究に多くの時間を費やしています。

ニュートン：誰だって何年も何年も四六時中そのことばかり考えていたら思いつく。

アインシュタイン：私は天才ではない、ただ人より長く一つのことと付き合ってきただけだ。

いきなり大きな成果は見えなくても、日々の、

小さな進歩に目を向ける

ことで成長を感じることができます。小さな時間の積み重ねが積分されて大きなものになっていくのです。〝石の上にも3年〟ということわざがありますが、その通り

だと思います。

何をもってして成功と呼ぶのかは人それぞれですが、こと仕事においては、得意なものや強みをもって仕事にあたっていく、それを楽しみながら時間をかけて醸成していくことで物事を成し遂げることができるのです。

時間の長短はありますが、成功とはそんな方程式を作っていくことなのです。

チャンスというものは、
きちんと準備をした者だけに
微笑んでくれるのです。

――マリー・キュリー（1867–1934）

成功する人間になろうとするな。
価値のある人間になろうとせよ。

——アルバート・アインシュタイン
（1879–1955）

人生はできることに集中することであり、
できないことを悔やむことではない。

――スティーブン・ホーキング
（1942–2018）

人間の幸福というのは、
滅多にやってこないような
大きなチャンスではなく、
いつでもあるような
小さな日常の積み重ねで生まれる。

――ベンジャミン・フランクリン
（1706–1790）

一日、生きることは、
一歩、進むことでありたい。
——湯川秀樹（1907–1981）

第4章

幸せな人生へ

変化に目を向け、受け入れる

毎日同じ時間に起きて、同じ仕事を行い、いつもと同じ帰路につく。たまの休みには寝だめをして、週明けにはまた同じ日常を繰り返す。

変化のない日々だな……そう感じている人も多いと思います。

しかし、非日常的な出来事が沢山起こると、それはそれで大変です。いつもと違うことが起こると、あたふたしたり、どうしていいのかわからなかったり。中には、パニックに陥ったりする人もいます。人は、基本的に変化を嫌う生き物なのです。

人は、1日およそ6万回の物事を考えると言われています。そのうちの約95%は、**繰り返し思考**が占めているのだそうです。ほとんど毎日、同じ思考を繰り返しているというわけです。いつもと同じ考え方や感情が頭の中を占めていて、なにか新しいことが思考に浮かんでも、いつもの考えや習慣、クセに打ち消されてしまうことが多いのですね。これは、人は安定したものを求めるからなのです。

そして、残りの約５％は**変化思考**なのですが、こちらは、いままでとは違うものや新しい情報を求め、変化していこうとするものです。

人の意識は繰り返し思考と少しの変化思考から成り立っています。そして、この関係をうまく活用すれば、人生はもっともっと色濃いものになります。

物理学は、自然の姿や宇宙・世界の成り立ちを論じる学問です。近年は、量子論や相対性理論、宇宙論など様々な理論が展開されました。

その中で、１９７０年代に複雑そうに見える自然の姿を単純な数式の繰り返しによって描写する**フラクタル理論**が提唱されました。数学的には、フラクタルは秩序と無秩序の境目に位置します。自然界に見られる、一見秩序のない変動も数値化してグラフに描きこむとフラクタルな性質を示すことが多くあります。例えば、空に浮かぶ雲やタバコの煙などもこのフラクタル曲線に従います。これらの動きは、決して無秩序なのではなく、ある一定の規則的な変化を含んでいるのです。

前述したように、この世界はフォーカスするものや定義によって結果も変化する世界です。それが共鳴や干渉によって変動していく。その描く曲線がフラクタルなのです。キチンとした秩序正しいものと混沌としたカオス的なものの中間に位置する〝フラクタルな世界〟はすなわち、

ある一定の秩序の中に変化を含んだ世界

と言えるのです。秩序の中で繰り返すものと、変化の中で冒険するものが共存する世界ですね。

色濃く良い人生を送ろうとするのであれば、95％の繰り返し思考の中で、「これは良い！」と思う5％の変化思考を積極的に取り入れて習慣化させることが大切です。

変化のない日常の中にも、何気ない繰り返しの中にも、発見は沢山あります。職場や家庭の中にも、「こんなものあった？　いままで気が付かなかった！」ということ

はいくらでもあるのです。視点を変えることで、いままで見えなかったものも見えてきます。そして、５％の変化を恐れずに対応するこころのゆとりをもち、それを受け入れる柔軟性を携えていきましょう。

いつもと同じ繰り返しの中で埋もれていないで、良いものは取り入れて自分のものにし、変化に対応していくことで、有意義な人生を送れる自分になっていくのです。

7：3のバランス

日本は規模の大小はあれ企業で働く会社員の人が多いですね。中には自営業やフリーランスの人も多くはなってきていますが、まだまだ少数派です。

度々述べていますが、曖昧さが大半を占めているこの世界は、個々の選択によって起こる事象が変化します。

それはつまり、

考え方や捉え方の数だけ世界が存在する

と言い換えることもできます。

多様な考え方や生き方がある方が自然なのです。時代が進むにつれて多様性が出てきたと考えられがちですが、元来が曖昧であるこの世界ですから、この宇宙が生まれて１３８億年、多様性は最初から存在し続けているのです。

仕事の領域や分野においても、農耕や狩猟だけの時代から江戸時代における士農工商、そして多種多様な職種が存在する現代に移り、多様性が増したように感じられるかもしれません。

しかしそれは、ただ選択肢が広がっただけの話なのです。


エントロピー増大の法則という熱力学の法則があります。

大まかに言うと、乱雑さというものはどんどんと増していき、元へは戻れないというものです。

例えば、コーヒーにミルクを入れてみた場合。ミルクはコーヒーの中に乱雑に広がっていきます。そして、入れた直後の状態には決して戻れません。混ぜ合わさり、乱雑さが増したということです。

当たり前じゃないか、と思われるかもしれませんが、では、本当にエントロピーが増大するだけの方向に進んでいるのか、と考えると決してそうではありません。

宇宙を見てみると、前章で述べたダークマターという見えない物質があります。

ダークマターはブラックホールのように、モノを引き付ける引力です。そしてこれがないと、この宇宙に星や銀河、私たち生物も生まれてはいなかったという研究結果が報告されています。宇宙ではこの引き付けるチカラの中で、チリやガスが集まり、多様な銀河や星々が生み出されていったのです。

そして、ダークエネルギーと呼ばれる見えないエネルギーがモノを遠ざける斥力となって宇宙を広げているチカラになっています。このエネルギーが、いまだに宇宙を膨張させているチカラなのです。

そして、この二つのチカラが均衡を保って宇宙を形成しています。

つまり、この宇宙は、

バランスの世界

なのです。

素粒子の世界でも同じで、陽子と電子が正負の電荷でバランスを取っていたり、粒子同士がボールのキャッチボールをして均衡を保っていたりします。

宇宙が膨張を続けているのなら、多様性という選択肢は増し、グローバル化も進みます。どんどんグローバルになるのも必然なのです。しかしながら、常に引力が働くので、その反対の反グローバルなチカラも作用してきます。

その割合は、前章で述べたダークエネルギーとダークマターの比率から考えれば、約７：３ということになります。バランスを取りながらゆっくりと広がっていっているイメージでしょうか。

これを人間個人に当てはめてみると、〝開いた自分と閉じた自分〟の対比という捉え方ができます。

すべてに対して、オープンマインドではなく、かといってクローズドマインドでも決してなく、そこにはある比率のバランスがある。そのバランスをいかに上手に取っていくのかが求められていると言えるのです。

考え方や捉え方の数だけ世界が存在するのですが、一つに固執せず広い見方を持って他を受け入れていく感性と、それと同時に自分を認めて保っていく強さが必要となります。

他を受け入れる感性と自分を保つ強さを持つ

それが本当の意味での自己の確立と言えるのではないでしょうか。

頑なに人の意見を聞かない、意見が違うから排除するのではなくて、「それもありかな！」とまずは認めること。

しかしそれは人に迎合しろということではありません。人を認める自分の中に「そうだろうか？」と考える自分を常に持ち、バランスを取っていくことが必要なのです。

人は星のかけら

孤独を感じていませんか。

独りで頑張っているが認められない、誰も関心を持ってくれない、愛情を注いでくれない、と思う時はありませんか。わかってほしいのに誰もわかってくれない時、人は皆孤独を感じます。

人生は、時として寂しさに押しつぶされそうなこともあります。そのような時は、夜空を見上げてみましょう。

古来より、人は夜空を見上げ、瞬く無数の星たちにノスタルジーを感じてきました。その万人に共有されている不思議な感覚はどこからくるものなのでしょう。

さて、ここで人の身体を観てみます。身体は数十兆個の細胞からできています。それぞれの細胞は、29種類の元素の組み合わせから構成されていて、そのうち、水素・炭素・窒素・酸素の4つの元素が9割以上を占めています。その中には、銅や亜鉛といった重い元素も微量ながら含まれています。

また、太陽の内部の核融合（元素合成）において生成される一番重い元素は、鉄だということがわかっています。鉄より重い銅や亜鉛といった元素は太陽系内では作られない、すなわち元々太陽系にはない元素と言えます。

では、鉄より重い元素はどこから来たのでしょう。

それらは、ほとんどが超新星爆発により生成されます。恒星が寿命になって超新星爆発で周囲を吹き飛ばしながら、惑星や他の星の元素と合成を繰り返し行った先に生まれたものです。

鉄より重い元素は、他の星系から来て、太陽系内の星々や私たち生物を形成していった元素。太陽系ができて約46億年経ちますが、それ以前の気の遠くなるような年月を経て、作られていったものなのです。

そういった意味では、

人は星のかけら

と言えるでしょう。

人は皆それぞれに、星のかけらが入っているのです。宇宙の大きなサイクルの中で、形作られていった存在なのです。


また、量子論では**量子のもつれ**という現象があります。

一度何らかの相関を持った粒子同士は、ずっとお互いを覚えているというものです。たとえ何万光年離れていようと、お互いの変化を同時に感じることができるという現象です。

極端な例えですが、東京にいる私が右を向いたら、パリにいる友人が瞬時に私が右を向いたことを理解する、というとても不思議な現象です。アインシュタインが最後まで認めなかった現象として知られていますが、実際にいまは超高速処理を可能にする「量子コンピュータ」の理論となっています。


この宇宙は、ビッグバンから誕生しました。

一つの点から、高密度の粒子の爆発によって広がっていった世界です。すべてが元を辿れば一つの点に行きつきます。ここでは、量子のもつれが起こっていたのです。従って、〝すべての粒子が量子のもつれ関係にある〟と言えます。

私たちの身体を構成する様々な元素が量子のもつれ関係にある、しかも星のかけらまでも共有している。

そう考えると、

すべては繫がっている

と言えるのですね。

万物は同じものを有している。決して孤独ではないのです。

人も動植物もすべてが繫がっています。離れた場所にあっても相互に絡み合い影響し合っている。孤独を感じるのは、そう考えてしまう私たちの思考によるものなのです。

この量子のもつれは、**非局在性**とも呼ばれています。局在とは、限られた場所だけにあることを意味します。

非局在ということは、喜びも幸せも、限られた場所だけにあるのではなくて、すべて人の元に同じ量だけあって、根底では孤独ではないのです。

孤独を感じた時には、夜空の星を見ながら、星のかけらに想いを馳せてみませんか。広大な宇宙のひとかけらとしての私……そう考えると、いまの自分の悩みなんてちっぽけなものだ、と感じられて、こころがすーっと楽になるはずです。

大切なのは、いま

いつも同じ悩みや不安を抱えていて、同じところをグルグル回っていませんか。

悩みや不安の対象は、〝時間〟という視点で見ると、大きく二つに分けることができます。一つは、過去に起こった出来事について。もう一つは、まだ起きていない未来についてです。

「どうしてあんなことをしてしまったのだろう、なぜあの人はあんなことを言ったのだろう」とか、「これからどうなるのだろう、この先のことを漠然と不安に感じる」など、過去の出来事に対する後悔や、未来に対する不安が多くを占めているのですね。

物理学からすると、**時間は連続であり不可逆的**です。

時間が過去に戻ることはないし、いきなり未来に飛ぶこともありません。〝いま〟

という瞬間が連続して続いています。

また、量子論から、選択したものや結果によって次に起こる出来事が変化する世界です。

従って、

一番大切なのは、いつでも〝いま〟


なのです。

過去は過ぎ去った時間であり、経験や史実からは学ぶものです。経験を通して、うまくいくやり方をインプットするものです。歴史を学ぶ意味は、その時代の考え方や生き方を参考にして、いまをより良くしていくところにあります。

未来はまだ来ない時間であり、明るい将来に希望を抱くものです。希望という目を持って観渡していく領域です。

従って、

過去は学びの時間、未来は希望の時間、そしていまを生きる

という考え方が重要なのです。

また、一日が過ぎるのが早くないですか。あっと言う間に過ぎてしまうと感じていませんか。

子どもの頃を思い出してみてください。一日が長くはなかったですか。遊びや好きなものにワクワクしながら過ごした日々。毎日が新鮮で驚きに満ちていて、とても充実した時間だったと思います。

これは、大人と子どもで時間の流れる速さが違うからです。いまに集中していると時間の流れは遅く感じます。反対に、何気なく過ごしていると時間の流れは速く感じます。

相対性理論によると時間も相対的です。人によって感じる時間の流れは違います。充実した人生を送るために、ワクワクした想いで毎日を過ごしていきましょう。

私の好きな言葉に〝日々がさら〟という言葉があります。毎日がまっさらな新しい一日である。過去の後悔や未来の不安を考えるのではなく、まったく新しい今日という日を生きていこう、という意味です。今日出逢う人や自分がいる場所、起こる出来事に意識を向けて過ごしていくことで充実した日を送ることができるということです。

いまという瞬間を捉え続けることは結構難しいですが、一日を通して感じていくことはできます。

そして、

自分の身近な人やモノ、出来事などに意識を向けること

です。時間的にも距離的にも遠くではなく、いま身近な人や物事に目を向けていきましょう。

そこには、必ず多くの気付きの種や幸せの源が存在します。それを日々意識しましょう。幸せは、いまを起点とした連続な流れの上にあるのですから。

仕事や暮らしに少しでも楽しみやワクワクを見出しながら過ごしていく。趣味でも良いし、美味しい食事でも良いし、友人との会話でも良いし、楽しみに意識を向けることも大切ですね。

「今日をワクワク一生懸命！」という意識を持って、身近な周りの人やモノ・コト、仕事に対して接していきましょう。

非線形の時代を生きる

人生１００年時代と言われるようになりました。戦国時代は人生50年と言われていたのに、倍の人生を生きていかなければならない時代なのです。

人やモノ・コトに接する時間や機会も増えて、それに応じてお互いがボールをやり取りしたり、感じ合うという相互作用も倍以上に増えていきます。

それゆえに、人は様々な相互作用を経験しながら、成長していかなければなりません。良い相互作用もあれば、「なんだ、これは！」という相互作用も中にはあります。

どうしてこうなるんだ……と、望んでいない結果が多い場合は、自分の進んでいく道が本来辿るべき道とズレている場合もあるし、共感を得られない道を選んでいる場合もあります。

前述したように、私は会社員時代に過労で倒れて約2か月間会社を休んだ時期があります。しかしそれが私の人生において、とてもとても大きな出来事、ターニングポイントだったのです。あの時に、負の方向にあがいていたら……いまの私はいないと思います。

大きな出来事やターニングポイントにすぐ気が付いて人生を修正する人もいれば、いつまでも行き詰った状況にあがいている人もいます。あがきながら、状況の悪さを人や社会のせいにしてしまう人もいます。

そうなると、進むべき道からかなり外れて、大きな干渉を受け負のエネルギーを溜め込んでしまいます。そのエネルギーの差が、人生の質に直接的にかかわってきます。

ニュートンらが生きた古典物理学的な時代は、複雑さがあまりなかった時代であり、思考や有り様がある程度決まっていました。物理学では、これを**線形**と呼びます。

物事がある種の比例関係の法則の中に成り立ち、計算が簡単で、直線的な画一的な考え方や捉え方で良かった時代です。当時は職種も限られ、男性は外で働き女性は家にいることが当然と考えられていました。

しかし、現代は交通機関やネットが発達し、時間的にも距離的にも短縮され、ＳＮＳの登場で絡む人やモノが多い時代になりました。これまでより相互作用が多いために、結果や先が読めない時代です。物事や事象を決定する因子や変数が多くなり、なかなか直線的には進まないのですね。これを、**非線形**と呼びます。

従って、いまは、

非線形な時代の生き方が求められている

のです。

また、最新の量子論や宇宙論の研究から、この世界は〝2次元から3次元へ投影された世界〟という説が出てきています。まるで映写機から映し出された立体の映像（ホログラム）だという説です。一見、突拍子もない考え方に思えますが、それが正しいとすれば、私たちは、

観察者であり演者である

ということになります。

人生という舞台で、客観的に物事を観る観察者でありながら、それを主体的に演じる演者でもあるのですね。

これまで述べてきたように、より良い人生を送るためには、人やモノ・コト、仕事や人生との関係を客観的な立場で柔軟に判断し、自分という主体的な個を伸ばしていくことが必要になります。

非線形な時代の舞台では、様々な未確定のシナリオが多数あり、その中にはスター俳優もいますし、脇役やエキストラもいます。線形な時代の限られたシナリオではなく、どんなシナリオも選ぶことができるのです。

どのシナリオを選ぶのか、どういう演者になるのか、すべてはあなた次第です。

いまに目を向けるともっと自分が演じる役割も色々と見えてくるものと思います。

できるならば、周りや皆から共鳴を呼ぶシナリオや演者であるようにしましょう。
そして、それを選択するのはいつでも可能であって、いまこの時点からでもできます。
大切なのは、〝いま〟なのですから。

あなたが充実した素晴らしい人生を送ることを願っています。

おわりに

この世界は物理学の視点から、いろいろな考え方や解釈ができます。

まず、解釈の仕方によって次に起こるコトも変化する「選択の世界」という解釈。考え方や捉え方の数だけ世界が存在し、完璧なものは何一つなく、一定の秩序の中に変化を含んだ世界。そこでは、自分がどこにフォーカスし、どういった意思決定をするかで人生が良いものにも、平凡なものにもなります。

また、「振動・揺らぎの世界」であって、人やモノ・コトに対して共鳴と干渉が起こる「バランスの世界」と捉えることもできます。他の人やモノ・コトに対してバランスを取ることが大切だと、目に見えない量子たちは教えてくれています。

そして、いまの時代は「相互作用が多い非線形な時代」という捉え方。多様な選択肢やシナリオがあって、なかなか予測も難しい時代ですが、その中で、素晴らしい人生を送ろうとするのなら、自分を確立させることが必要とされます。

そのためには、良いものを取り入れて習慣化させ、変化に対応できるスペースをこころに空けておくことです。順応させ変化に対応できる部分と揺らがない部分をミックスさせ、様々な事象に対応できる自分を創っていくのです。その選択は明日や未来ではなく、〝いま〟可能なのです。

人生は、辛いことや苦しいこともあります。下を向くこともあります。すべての出来事を糧にして、バネにして臨んでいきましょう。

読者の皆様が幸せな人生、希望のある明日を送れることを願っています。

本書の出版にあたって、沢山のアドバイスや編集をしていただいた飛鳥新社の畑編集長に大きく感謝いたします。また、応援してくれた沢山の友人や、いまは亡き両親にも感謝いたします。

令和元年九月

著者

解説

本書をよりよく理解するために

ここでは本書に出てきた物理学の用語について解説します。
本書の内容をより深く理解する手助けになれば幸いです。

《物理学とは》

物理学とは自然科学の一部であり、自然界に見られる様々な現象とその性質を、物質とその間に働く相互作用によって理解すること、物質をより基本的な要素に還元して理解することを目的としています。

17世紀にはニュートンが「運動や万能引力の法則」を発表し、18〜19世紀になると、より実験から理論検証することが進み、電磁気学や熱力学が発展していきました。この時代の物理学を『古典物理学』と呼びます。

20世紀に入り、アインシュタインの「相対性理論」が提唱され、またボーアやシュレディンガーたちがミクロな現象を解明していく「量子論」が確立されました。それまでとはまったく異なる理論体系が構築されたのです。

また、近年ハッブル宇宙望遠鏡やCOBE・WMAPなどの宇宙探査によって、精度の高い宇宙観測データが得られるようになり、「宇宙論」の分野でも大きな進展がありました。これらを『現代物理学』と呼び、古典物理学とは区別をするようになっています。

いまの学校では、高校までは古典物理学を中心に学びます。残念ながら、非常に面白くてワクワクする現代物理学は履修範囲にないので、物理は受験のための1科目に過ぎないといった感じがあり、物理学を選択する人自体が少なくなっています。

宇宙がどうやって構成されているのかなど、人間にはまだまだわかっていないことが沢山あります。物理学者の一つの夢は、量子論や相対性理論、宇宙論を統合した「万物の理論」を作ることです。ここで初めて、

〝人間とは何か、宇宙とは何か。どこから来て、どこへ行こうとしているのか〟がわかるのかもしれませんね。

《量子論（量子力学）》

量子とは電子や素粒子、原子核といった、エネルギーなどの状態が飛び飛びである粒子のことを言います。

前述のように、物理学は「古典物理学」と「現代物理学」に大別できます。

私たちが普段目にする巨視的（マクロ）な現象は、高校の物理の教科書に出てくる速度や加速度、重力などを使った運動法則で記述されます。いわゆる、ニュートンの「力の法則」や「万能引力の法則」といった古典的な世界です。

これに対して、素粒子や原子核などの微視的（ミクロ）な世界では、物質は波動であり、かつ粒子であるという「量子論（量子力学）」に従います。これを二重性といいます。

量子論では、その波動の位置は不確定（確率的）であって、観測によって波（エネルギー）が収束し、そこに位置（状態）が確定します。つまり、観測されるまではどこにいるのかわからないが、観測された段階で物質として実体化するといったものです。そして、粒子の位置と運動量は同時に両方を正確に測定することができません。これを不確定性原理といいます。

《確率解釈》

1925年のハイゼンベルクの行列力学と、1926年のシュレディンガーによる波動力学とが、それぞれ異なる数学的手法によって量子力学の基礎を完成させました。アインシュタインの「相対性理論」とともに、現代物理学の基本的な理論となっています。

量子の存在する場所は確率的にしかわからないという概念（確率解釈）は、それまでの古典物理学・ニュートン力学とはまったく異質であるため、理論が提案された20世紀初頭にはその解釈をめぐって大論争が展開されました。確率解釈を嫌ったアインシュタインは、「神はサイコロを振らない」という言葉を残したほどです。

《観測問題》

量子力学においては、客観的事実というのは存在しません。ある物事は誰かの観測や認識によって状態が初めて決まるものであり、観測や認識をしていない時には何も決まっていない、ということになります。

ある物理学者たちは、世界がいくつにも分かれていくという理論を唱え、宇宙は多数の世界に分裂しており、その中の一つの宇宙に私たちがいるという「多世界解釈」という立場をとりました。瞬間、瞬間で世界を選択していて、選択されなかった世界は観測に掛からないので、あるかどうかさえ認識できないと言うのです。また、観測や認識には関係せず、世界はただの実体として存在するのみだと主張する物理学者もいます。この一連の議論を観測問題と呼びます。

《非局在性》

一度かかわり合い（相関）を持った量子は、たとえ空間的にも時間的にも何万光年離れていようと、一方が変化すると、もう一方にその情報が瞬時に伝わります。一方を観測したら、その状態が決定され、空間的にも時間的にも遠く離れたもう一方の状態も同時に決定されるということです。

これを非局在性と呼びますが、簡単に言えば、量子は時間も空間も超えて繋がり合っている、ということです。量子は、極めて社会性が高いと言えます。人間の認識がニュートンのリンゴのような古典物理学的な現実世界であるのに対して、量子の世界では時間や空間の距離と方向性に束縛されず、状態の現れ方が多様なのです。

観測問題と非局在性については、長いあいだ議論されている問題で、はっきりとした結論は出されていませんが、非常に興味深いものです。

また、生きとし生けるものすべてが素粒子や原子核の集合体であることを考えると、人もまた波動であると言えます。ただ、物質として重い、つまり密度が高いので、波長が短くて波が1点に収縮してしまい、波として観測されないのです。

《相対性理論》

アインシュタインが創始した理論で、1905年に発表された等速運動での系を扱う特殊相対性理論と、1916年に発表された加速運動している系や重力の効果をも取り入れて一般化した一般相対性理論との総称です。

要約すれば、以下の3点になります。

- ●光速度は一定である。
- ●時間や空間は絶対的なものではなく、どのような慣性系（慣性の法則が成り立つ座標軸）から観察するかによって異なる。
- ●質量とエネルギーは等価である。

これによって、光でも重力で曲がることや、ブラックホールが存在することを予言しました。量子論と並んで現代物理学の中核をなす理論です。

相対性理論を利用した身近なものとしては、自動車などの位置をリアルタイムに測定表示するカーナビゲーションシステムがあります。GPS（グローバル・ポジショニング・システム）と呼ばれているソフトでは、相対性理論の効果を計算して利用しています。GPSを利用する衛星は高速で運動していることと、地球からの重力の影響が小さいことから、位置情報が1日で約11キロメートルもずれてしまうほどの時間差が生じます。そこで、相対性理論の計算を用いて補正をしているのです。

また、近年アインシュタインが予言していた重力波が発見されたり、ブラックホールの撮影に成功したことでも話題になりました。

《宇宙論》

宇宙の誕生に関しては、昔から様々な考えや理論が展開されています。

現状の標準的な理論としては、以下のようになっています。

●宇宙は真空のゆらぎ（無）から生まれた。
●生まれた宇宙はインフレーション（膨張）を起こし、巨大な宇宙へと成長した。その時の熱の解放によりビッグバン（火の玉宇宙）となった。
●インフレーション中の真空のゆらぎは引き伸ばされ、宇宙構造の種が仕込まれた。
●ゆらぎは次第に成長し、銀河や銀河団など現在の宇宙の豊かな構造を形成した。

真空のゆらぎの前はどういう状態であったのか、これもいくつかの説がありますが、神のみぞ知る領域とされており、現在は真空のゆらぎ以降の議論が盛んに行われています。

宇宙が誕生して約138億年が経ちますが、いまだに膨張を続けています。この先どうなっていくのかについても様々な説がありますが、膨張をしすぎてすべてが引き伸ばされ粉々になってしまうというものが有力視されています。

現時点では、この宇宙の全事象を説明する万物の理論は完成していません。

すべての事象をひもの振動によって記述しようとする超ひも理論、膜が構成要素であるM理論やブレーン宇宙論といった様々な理論があり、世界中で議論されています。また、宇宙を構成する大きな3つの要素として、物質（マター）・暗黒物質（ダークマター）・暗黒エネルギー（ダークエネルギー）があります。物質は素粒子の標準模型で説明できますが、見えないダーク系の解明はまだできていません。目に見えない物質であるダークマターの探究が、いま盛んに行われているところです。

《自分の強みを活かす》

仕事論で述べましたが、強みを使うことは大事なことです。しかしながら、自分が元々持っている潜在的な強みや得意なところは、自分ではなかなかわかりません。自分にはない強みであるにもかかわらず、それを出そうと頑張っている人は沢山います。そして、そういった人たちは、強みを発揮できない自分に日々苦しんでいるのです。

いま、私が取り組んでいる分野に「声紋分析心理学（個性分析ツール）」があります。これは、声を周波数変換して、3層12色の色の分布に置き換え、その色の分布の意味を解釈することで、個人の資質や特性を知るものです。

6秒間自分の名前を声に出すことで、どこの感覚を使っているのか、どこから情報を持ってきているのか（判断基準）、誰に視点があるのか、誰のために頑張っているのか（行動基準）がわかるのです。そこから、強みや弱み、モティベーションアップの方法やストレスの度合いなどが明確になります。

声紋分析を行うことで、
■強みや弱み、向き不向き、傾向
■コミュニケーションの仕方、モティベーションアップの方法
■適性や相性
■体調やストレス具合、その解消法
といったことがわかり、そこから仕事や人間関係における適切な対応、自分に合っ

た職業のマッチングなども可能となります。

人間にとって一番大切なことは、

自分を生きる

ことだと思います。その手掛かりになる声紋分析です。

現在、企業においては適性診断や人材育成のための教育、ストレスチェックの代替、病院においては、患者さんへのカウンセリング、福祉施設では就労支援等々に使われています。うつ病やＡＤＨＤ、発達障害等の分析にも応用されています。また、各種メソッドや行動における前後変化が声から測定できるので、効果測定やモニタリングにも使用されています。

〝自分を知って相手を理解すること〟で相互理解が進み、様々なことが解決できると考えられます。

柊木匠（ひいらぎ・たくみ）

福岡県出身、福岡市在住。素粒子原子核物理学者・心理学者。『ライフスタイルカウンシル』代表取締役。『株式会社ライフスタイルマネジメント』代表取締役。声紋分析心理学協会代表理事。幼少の頃より、自然や星が好きで空に夢を見る。宇宙に憧れ、九州大学で素粒子関係を学ぶ。同大学大学院博士課程で原子核物理学を専攻、博士後期課程満期修了理学修士。企業で長年研究開発や経営企画・人事戦略などの業務を務める。現在は独立して、物理学から観る人生や仕事、心理学や医療を語るセミナーや講演を全国で開催。企業や団体のコンサルタントや人材育成研修、個人的なカウンセリングを行う傍ら後進の育成も行っている。また、声を分析して個性を観る「声紋分析心理学」を確立し、各種医療福祉機関や企業においての導入や研修などを進めている。2015年ＴＥＤ×Ｈａｋａｔａ「自分を生きる」で登壇。著書に『スピリチュアルと物理学』（ＢＡＢジャパン）などがある。

【ホームページ】https://www.hiiragi-takumi.com/

【ブログ】http://ameblo.jp/lifstylecouncil/

私は宇宙のかけら

2019年9月20日　第1刷発行

著　者　柊木匠

発行人　土井尚道
発行所　株式会社　飛鳥新社
〒101-0003　東京都千代田区一ツ橋2-4-3　光文恒産ビル
電話　03-3263-7770（営業）03-3263-7773（編集）
http://www.asukashinsha.co.jp

装　幀　長坂勇司（nagasaka design）
挿　画　あべゆきこ・株式会社コヨミイ
本文写真　Payless images

印刷・製本　中央精版印刷株式会社

ISBN 978-4-86410-720-4

編集担当　畑 北斗